小山的中国地理探险日志

蔡峰————编绘

栗河冰————主审

江河湖泊

下卷

电子工业出版社

Publishing House of Electronics Industry

北京·BEIJING

图书在版编目（CIP）数据

小山的中国地理探险日志.江河湖泊.下卷 / 蔡峰编绘. —— 北京：电子工业出版社,2021.8
ISBN 978-7-121-41503-6

Ⅰ.①小… Ⅱ.①蔡… Ⅲ.①自然地理 – 中国 – 青少年读物 Ⅳ.①P942-49

中国版本图书馆CIP数据核字（2021）第128698号

责任编辑：季　萌
印　　刷：天津市银博印刷集团有限公司
装　　订：天津市银博印刷集团有限公司
出版发行：电子工业出版社
　　　　　北京市海淀区万寿路173信箱 邮编：100036
开　　本：889×1194　1/16　印张：36.25　字数：371.7千字
版　　次：2021年8月第1版
印　　次：2024年11月第8次印刷
定　　价：260.00元（全12册）

　　凡所购买电子工业出版社图书有缺损问题，请向购买书店调换。若书店售缺，请与本社发行部联系，联系及邮购电话：（010）88254888，88258888。

　　质量投诉请发邮件至zlts@phei.com.cn，盗版侵权举报请发邮件至dbqq@phei.com.cn。

　　本书咨询联系方式：（010）88254161转1860，jimeng@phei.com.cn。

江河湖泊

中国幅员辽阔，有许多源远流长的江河和烟波浩淼的湖泊：大小河流总长度约 42 万千米，流域面积超过 1000 平方千米的河流有 1500 多条；湖泊面积在 1 平方千米以上的有 2800 余个，其中面积在 1000 平方千米以上的有 11 个。这些河流、湖泊不仅是中国地理环境的重要组成部分，而且还蕴藏着丰富的自然资源。

在这本书中，小山先生要去探访祖国的江河湖泊。好啦，小山先生的江河湖泊之旅要出发咯！

目 录

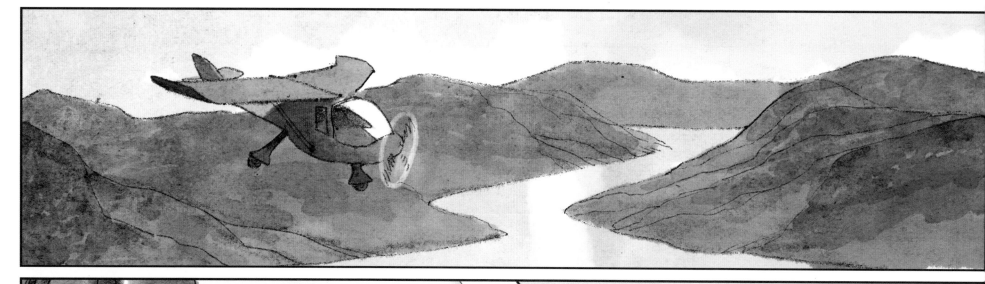

西江是中国南方**珠江**水系的第一大支流，发源自云南，流经广西、广东，联系两广，是旧时的一条黄金水运线。

珠江的第二大水系则是北江，其主源称浈水，源自江西省信丰县大茅山，干流全长 573 千米，流域面积约 4.6 万平方千米，总落差约 310 米，跨越湘、桂、赣、粤四省区，其中 95% 以上的流域都在广东省境内。

东江也是珠江的主干流之一，长 562 千米，流域面积占珠江流域的 6.3%，发源于江西赣南，主流寻乌水发源于江西省寻乌县，属山区性河流。东江流经的城市有龙川、河源、惠州及东莞。东江河源以南河段可以通航，是香港供水的主要来源。

珠江

珠江原指广州到入海口的一段河道，后来逐渐成为西江、北江、东江和珠江三角洲诸河的总称。珠江全长 2320 千米，是中国境内第三长河流。

是江还是海？

旧时，珠江广州段江面宽阔，故广州人喜欢称呼珠江为"海"，过江称作"过海"，江边叫"海皮"。这种俗称保留到了今天。

滚滚的江水

由于珠江流域属于热带、亚热带季风气候，降雨丰富，因而汛期时间长。春夏之交往往是降雨最集中的时期，易导致洪水灾害。珠江是中国流域内年径流量第二大的河流，仅次于长江，是黄河总流量的 6 倍之多。

中国南方最大的河系

珠江干流西江发源于云南省东北部曲靖市沾益区的马雄山，干流流经云南、贵州、广西、广东四省（自治区）及香港、澳门特别行政区，在广东三水与北江汇合，从珠江三角洲地区的八个入海口流入南海。北江和东江水系几乎全部在广东境内；北江源出湘赣两省南部，长573千米；东江源出江西省南部，长562千米。珠江流域在中国境内面积44.21万平方千米，另有1.1万余平方千米在越南境内。

著名的珠江三角洲

珠江流域的地势总体为西北高，东南低。西北部为云贵高原及青藏高原边缘，西江上游的急流瀑布较多，其中以白水河上的黄果树瀑布最为出名。云贵高原以东主要是低山丘陵（即两广丘陵）。珠江下游的冲积平原——珠江三角洲是广东省平原面积最大的地区，河海交汇，河网交错，具有南国水乡的独特风貌。

珠江的水利工程

珠江现已建成枫树坝水库、新丰江水库、白盆珠水库、南水水库、东江水利枢纽、百色水利枢纽、龙滩水电站等各种类型水库13988座，总库容达706亿立方米。

三角洲示意图

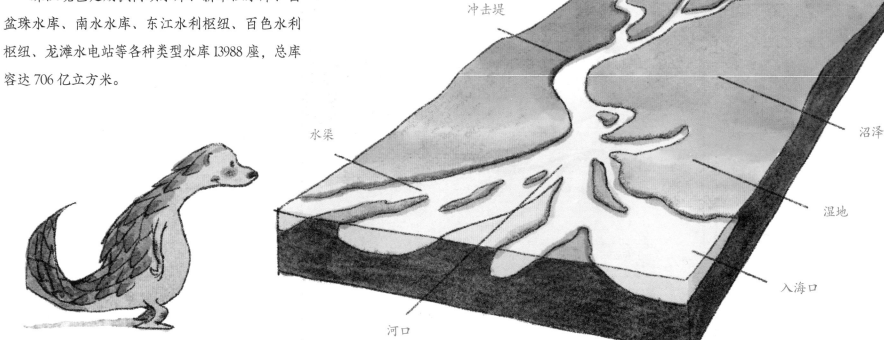

河

冲击堤

沼泽

湿地

水渠

入海口

河口

番禺大桥，位于珠江南干流之上，全长4.8千米，是广州市区通往番禺、南沙、中山、珠海的重要通道。

左江，是西江水系上游支流**郁江**的最大支流，旧称斤南水、斤员水。

干流全长 539 千米，流域面积 32068 平方千米。左江花山岩画已被列入《世界遗产名录》。

左江干流上游在越南境内称奇穷河，发源于越南广宁省平辽县北部与中国广西宁明县交界的枯隆山西北1千米处，西北流经谅山市，至七溪东南转东流，经广西凭祥市平而关进入中国境内，向东流经广西龙州县、崇左市、扶绥县，最后于南宁市江南区江西镇同江村三江坡（俗名宋村）汇入郁江。

郁江

郁江，俗称南江，位于云南省东部和广西壮族自治区南部，是珠江流域西江右岸支流。正源发源于云南省广南县境内，于广西桂平市注入西江黔江段。干流全长1179千米，流域面积90656平方千米。郁江流域地处云贵高原东南缘，喀斯特地貌广布，峰丛林立，峡谷纵横，洞穴众多。流域地处中亚热带和南亚热带南季风气候区，西北部气温低，干燥，东南部气温高，湿润。

🐾 黄金水道

郁江航行条件较好，沿岸航运事业发达，历史上曾是中国西南地区重要的黄金水道。自百色至桂平河段，流经平原、丘陵地区，耕地集中，人口稠密，经济较发达。

郁江的主要支流

郁江的主要支流有左江、武鸣河、百东河、龙须河、澄碧河、乐里河、西洋江等。汇入南宁以下河段的有八尺江、镇龙江、武思江等。

左江是郁江的最大支流，发源于越南北部山地，干流全长539千米，流域面积32068平方千米。左江的主要支流有黑水河、明江、水口河等。

龙须河发源于广西靖西县北部喀斯特地区，流经靖西、德保，于田东县汇入右江，全长130多千米，流域面积2750平方千米。

澄碧河，是右江较大的一级支流，古称澄碧水，源出广西凌云县城北青龙山北坡一支山脉的东麓，干流上建有澄碧河水库。

乐里河发源于广西田林县板桃乡，沿右江大断层线发育，自西北流向东南，河长129.6千米，流域面积1416平方千米。

震撼人心的宏篇巨著

在左江及其支流明江流域，有一处举世闻名的文化景观——左江花山岩画。岩画中绘有人物1900多个，另有众多的动物、铜鼓（或铜锣）、环首刀等图形。人像一般双脚下蹲，呈八字张开，双手向上托举，整个造形如蛙泳，线条粗犷有力，形象古朴。岩画绘制年代可追溯到战国至东汉时期，已有2000多年历史，是目前发现规模最大的古代岩画之一。其地点分布之广、作画难度之大、画面之雄伟壮观，为国内外罕见，具有很强的艺术内涵和重要的考古科研价值。2016年，左江花山岩画文化景观被列入《世界遗产名录》。

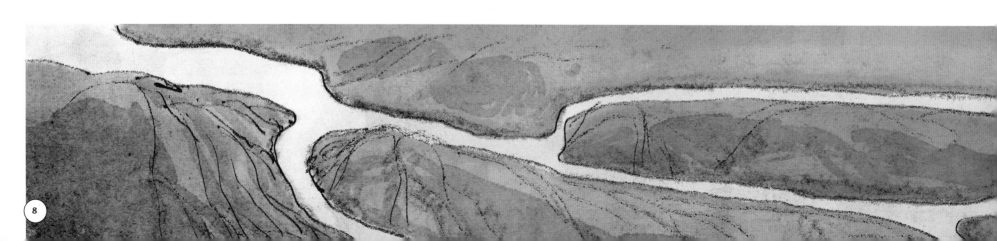

龙须河瀑布

　　龙须河，位于中国广西壮族
自治区西部，是右江右岸支流，
源头称岜蒙河，发源于靖西县。

建溪，位于中国福建省，是**闽江**上游三大支流之一，河长 295 千米，流域面积 16396 平方千米……

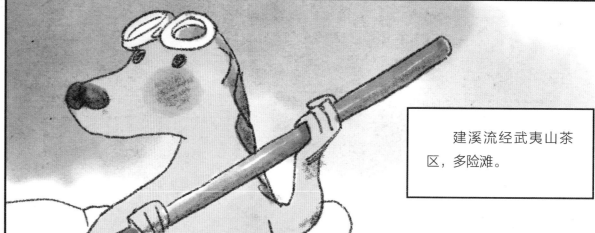

建溪流经武夷山茶区，多险滩。

它的上源有崇阳溪、南浦溪、松溪三个源流，分别发源于武夷山、仙霞岭、百山祖。

其中崇阳溪与南浦溪在建瓯交汇后称为建溪。建溪在南平与富屯溪、沙溪汇合后称为闽江。

 闽江

闽江是中国福建省最大的独流入东海的河流，全长562千米，流域面积60992平方千米，约占全省面积的一半。

闽江发源于福建、江西交界的建宁县均口乡。上游有三支：北源建溪、中源富屯溪、正源沙溪。三大溪流蜿蜒于武夷山和戴云山两大山脉之间，最后在南平附近相会始称闽江，以下又分为中游剑溪尤溪段和下游水口闽江段。穿过沿海山脉至福州市南台岛分南北两支，至罗星塔复合为一，折向东北流出琅岐岛注入东海。

闽江上游地区森林特别茂密，有"绿色金库"之称，因此含沙量与年输沙量都比中下游少得多。由于三大溪流多发源于1000米以上的武夷山，而南平海拔仅70米，故河床坡度很大，水流湍急，险滩星罗棋布，建溪就有"上下三十六滩，滩滩都是鬼门关"的说法。中游也称剑溪或剑江，这里新构造运动强烈，地壳以上升运动为主，河流下切作用明显，故河谷主要为河曲型的峡谷。两岸峭壁挺拔，奇峰对峙。江中岩石裸露，暗礁起伏。

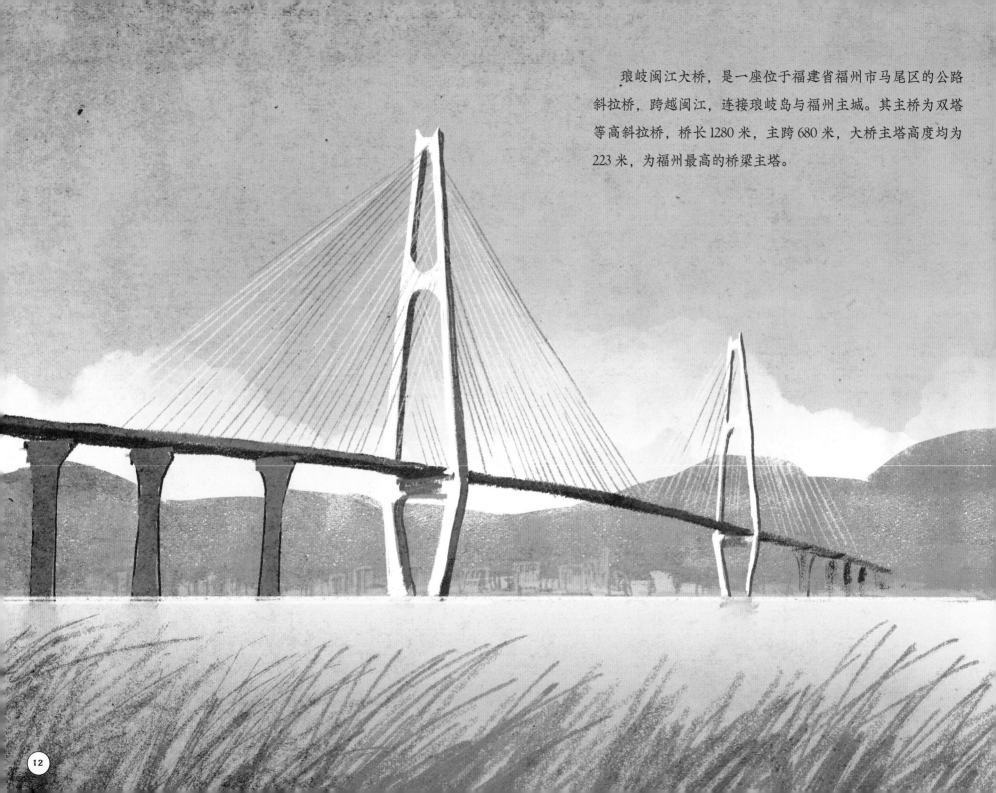

琅岐闽江大桥，是一座位于福建省福州市马尾区的公路斜拉桥，跨越闽江，连接琅岐岛与福州主城。其主桥为双塔等高斜拉桥，桥长1280米，主跨680米，大桥主塔高度均为223米，为福州最高的桥梁主塔。

闽江第一大岛

闽江中第一大岛是南台岛，位于闽江福州段南北两港之间。岛北一段水域叫"南台江"，简称"台江"，南台岛因此得名。南台岛东西长，南北相对较窄，总面积118.2平方千米。岛上高盖山、烟台山等原为江中岩岛，后由闽江泥沙淤积其间连接而成。高盖山为全岛最高点，海拔约202.6米。

古田溪水电站

闽江流域降水丰沛，源短流急，洪水频发。中、上游滩多水急，水力资源丰富，古田溪水电厂是新中国建设的第一座梯级水电站，也是新中国首座地下厂房水电站。古田溪水电站开发建设前后历经20多年，是中国历史上建设工期最长的水电站。古田溪水电站的建成使地处福建偏僻山区的古田县名扬全国，成为国人瞩目的水电大县。

重要的航段及港口

闽江不少河段都利于航行，尤其是下游河段，航行之利冠于福建省诸河。闽江干支流通航里程1940千米，占干支流总长2600千米的74.6%。位于闽江河口段的马尾港及新港区，可停泊万吨轮船，是福建省对外贸易的重要港口。

那曲河是**怒江**的上游，发源于青藏高原的唐古拉山南麓的吉热拍格。

河流在青藏高原上蜿蜒流淌，最后注入错那湖。

河流所经之地水草丰美，风光壮丽，美不胜收。

干流由错那湖南端流出后，始称那曲，与右岸支流姐曲汇合后称怒江。

怒江

怒江，发源于青藏高原的唐古拉山南麓的吉热拍格，流经西藏自治区、云南省，流入缅甸后改称萨尔温江，最后注入印度洋的安达曼海。从河源至入海口全长 3240 千米，中国段干流长 2013 千米，流域面积 13.78 万平方千米，是中国西南地区的大河之一。

怒江的得名

怒江上游江水深黑，中国最早的地理著作《禹贡》因此把它称为黑水河；藏语里名为那曲，意思相同。怒江在当地的怒族中被称为阿怒日美，"阿怒"是怒族人的自称，"日美"在汉语中译为江，"阿怒日美"就是怒族人居住区域的江。

难得一见的地质奇观

怒江与澜沧江、金沙江穿越横断山脉并行南流，与澜沧江的最短直线距离不到19千米，形成"江水并流而不交汇"的奇特自然地理景观，是世界上难得一见的地质奇观。2003年，云南三江并流保护区被列入《世界遗产名录》。

美丽的羽状水系

怒江上游在高原地区，山势较平坦，水量很大，水面较宽，流速不大；中下游坡降大，水流湍急，形成高山深谷。怒江支流短小，是典型的羽状水系。怒江上游河流补给以冰雪融水为主，夏季降雨补给，水量丰沛，多年平均径流量689亿立方米。

放牧与务农

怒江流域在西藏境内基本为牧区，畜牧业比较发达。进云南境为农牧混合区，耕地多分布于河谷地带；云南境内气候湿润，以农业为主，物产丰富，盛产水稻、棉花、甘蔗和果类，是粮产区和经济作物区。

雪峰林立

怒江东有碧罗雪山，在福贡、贡山、泸水三县境内，4000米以上的高峰有20余座，绵亘起伏，雪峰环抱，雄奇壮观。

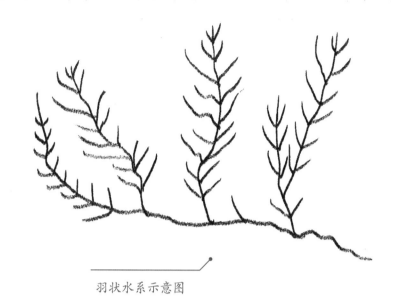

羽状水系示意图

峡谷奇观

怒江每年平均以1.6倍于黄河的水量像骏马般奔腾向南，就这样昼夜不停地撞击出一条山高、谷深、奇峰秀岭的巨大峡谷——怒江大峡谷。峡谷在云南段长达300多千米，平均深度为2000米，是世界上最长、最神秘、最美丽险奇和最原始古朴的大峡谷。怒江大峡谷由于受印度洋西南季风的影响，形成了一山分四季、十里不同天的立体垂直气候。经常是河谷茂林葱绿，炎热似夏；山坡花俏草黄，如春如秋；峰顶冰雪世界，一派隆冬景象。

"十里不同天，万物在一山"的

怒江大峡谷

卫星定位又没信号了……

不过，我现在应该是在阿尔泰山脉的西南坡……

所以……

这就是库依尔特斯河了吧！

库依尔特斯河是**额尔齐斯河**最东部的支流，也是额尔齐斯河的干流，和西部支流卡依尔特斯河同为额尔齐斯河的上游。

卡依尔特斯河和库依尔特斯河汇合后成为额尔齐斯河，自东南向西北奔流出中国，一路上将喀拉额尔齐斯河、克兰河、布尔津河、哈巴河、别列则克河等北岸支流纳入后，流入哈萨克斯坦境内的斋桑泊，再向北经俄罗斯的鄂毕河注入北冰洋。

 # 额尔齐斯河

额尔齐斯河，是中国唯一一条流入北冰洋的河流。发源于阿尔泰山东南部，全长4248千米，在中国境内长546千米，出国境后流入哈萨克斯坦的斋桑泊，继续向北流进入俄罗斯，最后汇入鄂毕河。鄂毕河位于西伯利亚西部，是俄罗斯第三长河。额尔齐斯河为鄂毕河最大的支流。

金山银水

额尔齐斯河沿岸风光壮美，有"银水"之美称。额尔齐斯河上游流经阿尔泰各山脉之间，径流充沛。在上游区段汇入的支流有库尔丘姆河、布赫塔尔马河等。

新疆第二大河

额尔齐斯河年径流量多达111亿立方米，水量仅次于伊犁河，号称新疆第二大河。额尔齐斯河接近边境处河面宽达数千米，可通轮船。流域内众多支流均从干流右岸汇入，形成典型的梳状水系。

额尔齐斯河

丰富的水能资源

额尔齐斯河上游主要靠融雪、融冰和降水补给；下游主要来源于融雪、降水和壤中水。额尔齐斯河上游水量充沛，落差集中，蕴藏着丰富的水能资源。

重要的湿地

阿勒泰市苛苛苏湿地自然保护区位于额尔齐斯河中下游，克兰河与额尔齐斯河交汇处，总面积46万亩，是新疆重要的湿地保护区之一，也是阿勒泰市重要的工业原料基地。

杨树基因库

额尔齐斯河谷宽广，水势浩荡，岸上树林茂密，孕育了世界四大杨树派系（白杨、胡杨、青杨、黑杨），素有"杨树基因库"的美称。欧洲黑杨、银灰杨等8种天然林是中国唯一的天然多种类杨树基因库，也是中国唯一的天然多种杨树林自然景观。下游布尔津河和哈巴河两河河床中心沙滩林立，河谷中沼泽密布，水草丛生，绿树成荫，有很高的科考、漂流、旅游等开发价值。

鱼类的家园

河流沿岸风光壮美，水中多产鱼，主要是一些冷水性的鱼类，包括北鲑、哲罗鲑、细鳞鲑、西伯利亚鲟、白斑狗鱼等。

传说唐朝时期，唐太宗为了维护和平，促进民族团结，决定将文成公主远嫁给吐蕃王松赞干布。

途中，公主思念起家乡，便拿出日月宝镜，果然看见了久违的家乡长安。她泪如泉涌。

临行前，他赐给文成公主能够照出家乡景象的日月宝镜。

然而，公主突然记起了自己的使命，便毅然决然地将日月宝镜扔出手去……

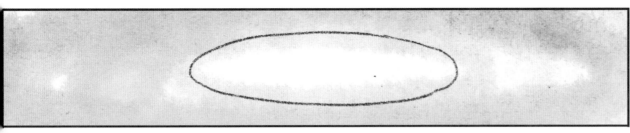

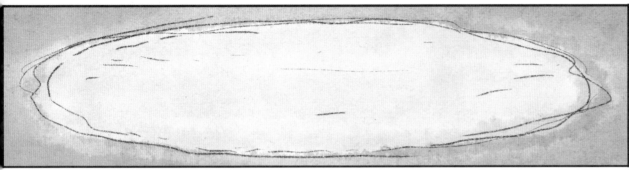

没想到那宝镜落地时闪出
一道金光，变成了**青海湖**。

 青海湖

青海湖位于青海省境内、青藏高原的东北部，是中国最大的湖泊，也是中国最大的咸水湖、内流湖，面积约4543平方千米，环湖周长360多千米。湖水平均深约21米多，最大水深为32.8米，蓄水量1050亿立方米，湖面海拔3260米。四周有4座高山：北面是大通山，东面是日月山，南面是青海南山，西面是橡皮山。这4座大山海拔在3600～5000米。

游览胜地

青海湖中的海心山和鸟岛都是游览胜地。海心山面积约1平方千米。岛上岩石嶙峋，景色绮旎。鸟岛位于青海湖西部，在流注湖内的第一大河布哈河附近，它的面积只有0.5平方千米，春夏季节栖息着10万多只候鸟。

青海湖的形成和演变

青海湖由祁连山脉的大通山、日月山与青海南山之间的断层陷落形成，湖盆边缘多以断裂与周围山相接。形成初期原是一个淡水湖泊，与黄河水系相通，那时气候温和多雨，湖水通过东南部的倒淌河泄入黄河，是一个外流湖。至13万年前，由于新构造运动，周围山地强烈隆起，从上新世末，湖东部的日月山、野牛山迅速上升隆起，使原来注入黄河的倒淌河被堵塞，迫使它由东向西流入青海湖，出现了尕海、耳海，后又分离出海晏湖、沙岛湖等子湖。由于外泄通道堵塞，青海湖遂演变成了闭塞湖。加上气候变干，青海湖也由淡水湖逐渐变成咸水湖。

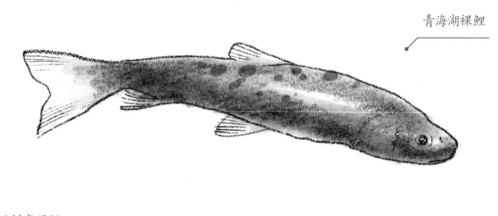

青海湖裸鲤

硬刺高原鳅

青海湖的天然水坝

坐落在青海湖东侧的日月山，不仅是青海湖的天然水坝，还是我国内流区和外流区、季风区和非季风区、农耕文明和游牧文明以及汉文化圈和藏文化圈的分界线。

名贵的保护对象

青海湖中盛产青海裸鲤、硬刺高原鳅和隆头条鳅。青海裸鲤每年6~7月回游源流河中产卵，为食鱼鸟提供丰富的食物条件。1964年，青海湖被列为保护对象，青海裸鲤被列为国家重要名贵水生经济动物。

中国腹地最重要的生态屏障

美丽的青海湖是中国腹地最重要的生态屏障，如果青海湖彻底干涸，环湖地区的植被将随之消亡，西部的荒漠将毫无阻拦地向前推进，最终和北方的荒漠连成一片向东部碾压。青海湖近百年来的演化变迁在告诫我们，要对自然有敬畏之心。

　　海心山，俗称湖心岛，古时称仙山或龙驹岛，蒙古语名为"奎逊托罗亥"。位于青海湖心偏南，距南岸约30多千米。全岛东西长2.3千米，南北宽0.8千米，面积约1平方千米，山顶高出湖面约70米，海拔约3266米，形如螺壳。

今天的雾有点儿浓呀……

看到了！看到了！

君山，我来啦！

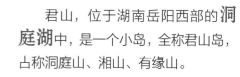

君山，位于湖南岳阳西部的**洞庭湖**中，是一个小岛，全称君山岛，占称洞庭山、湘山、有缘山。

其面积仅 0.96 平方千米，最高峰海拔 63.5 米。屈原在《九歌》中把湘水之神称为湘君，故后人将此山改名为君山。岛上古迹众多，风景秀丽，是洞庭湖中最著名的小岛。岛上所产的君山银针，是中华十大名茶之一。

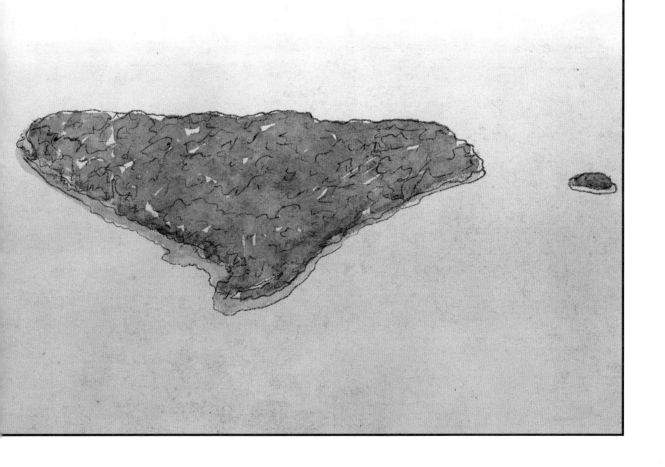

洞庭湖

洞庭湖，位于长江中游荆江南岸，跨岳阳、汨罗、益阳、汉寿、常德和南县等县市。洞庭湖是中国第三大湖泊，与鄱阳湖、太湖、洪泽湖、巢湖并称中国五大淡水湖。

洞庭湖的得名

洞庭湖之名，始于春秋、战国时期，因湖中洞庭山而得名。《湘妃庙记略》称："洞庭盖神仙洞府之一也，以其为洞庭之庭，故曰洞庭。后世以其汪洋一片，洪水滔天，无得而称，遂指洞庭之山以名湖曰洞庭湖。"

长江之肾

洞庭湖南纳湘、资、沅、澧四水，北与长江相连，通过松滋、太平、藕池吞纳长江洪水，湖水由东面的城陵矶附近注入长江，是一个巨大的天然水库。它是长江流域重要的调蓄湖泊，具有强大的蓄洪能力，曾使长江无数次的洪患化险为夷，江汉平原和武汉三镇得以安全渡汛。

洞庭湖的历史演变

洞庭湖坐落于一个大型沉降盆地内，是一个构造断陷湖。在约 260 万年前进入地质学的"第四纪"后，这一地区开始分布一些零散的小型湖沼。距今约 6000～4300 年前，气候转暖，格陵兰大冰盖消融，导致全球海平面抬升。入海河流的河口遂向内陆退缩，长江中下游河床随之抬升，沿江干支流交汇处的低洼盆地逐渐壅滞形成大型湖泊，洞庭湖就在这一漫长的历史演变中形成。

保护洞庭湖

历史上洞庭湖曾是中国第一大淡水湖，极盛时期面积达 6000 平方千米，号称"八百里洞庭"。由于近现代的围湖造田，以及自然的泥沙淤积，洞庭湖的面积由最大时的汛期湖面面积约 6000 平方千米骤减到 1983 年的 2625 平方千米，被鄱阳湖超过。近年来，国家加强了对湖泊区域的保护，实行退耕还湖，恢复了部分湖泊面积。

流传千古的名篇

洞庭湖自古深得文人墨客的喜爱，留下很多名篇佳句。如李白《陪族叔刑部侍郎晔及中书贾舍人至游洞庭》："洞庭西望楚江分，水尽南天不见云。日落长沙秋色远，不知何处吊湘君。"韩愈《登岳阳楼》："洞庭九州间，厥大谁与让？南汇群崖水，北注何奔放。"范仲淹更是在名篇《岳阳楼记》中称赞道："巴陵胜状，在洞庭一湖。衔远山，吞长江，浩浩汤汤，横无际涯。"

湖南的"母亲湖"

洞庭湖是湖南的"母亲湖"，是中国传统农业的发祥地。洞庭湖地区因为拥有良好的自然环境和丰富的水、土、生物资源条件，成为中国最早的稻作农业区。洞庭湖还盛产茶叶，君山茶自唐代即被列为贡茶。洞庭湖的"湖中湖"莲湖，盛产驰名中外的湘莲，颗粒饱满，肉质鲜嫩，历代被视为莲中之珍。

湘莲

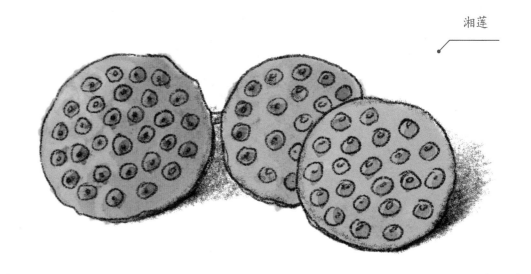

《望洞庭》

（唐）刘禹锡

湖光秋月两相和，潭面无风镜未磨。
遥望洞庭山水色，白银盘里一青螺。

据初步统计，这一带共有鸟类17目41科343种，占中国鸟类总数量的五分之一……

呼伦湖简直是鸟儿的天堂，自由自在真开心……哈哈！

主要有天鹅、雁、鸭、鹭等，不少属珍稀禽类。其中丹顶鹤、白鹤、黑鹳、大鸨、金雕等是国家一级保护鸟类。全世界有鹤类15种，而呼伦湖保护区就生存着5种，白鹤、丹顶鹤、白枕鹤已被列入世界濒危物种。

呼伦湖

呼伦湖，位于内蒙古自治区呼伦贝尔大草原腹地，面积2339平方千米，是内蒙古第一大湖、中国第五大湖，与贝尔湖为姐妹湖。

海一样的湖

呼伦湖湖长93千米，最宽处41千米，平均宽度32千米，平均水深5.7米，最大水深为8米。呼伦湖水系属于黑龙江流域额尔古纳河水系。呼伦湖水补充来源除湖面直接承受大气降水外，主要依靠地下水的补给和地表径流。呼伦湖湖底构造特殊，有三十多处泉眼，提供地下水补给。呼伦湖地表水系由呼伦湖、哈拉哈河、贝尔湖、乌尔逊河、克鲁伦河、新开河及连通于呼伦湖和额尔古纳河的达兰鄂罗木河等河流组成。

水獭之家

呼伦湖在史前已经有人类居住。历史上曾数易其名，而呼伦湖是近代才有的名称，呼伦的蒙古语大意为"水獭"，贝尔的蒙古语大意为"雄水獭"，呼伦湖与贝尔湖一阴一阳，因为历史上两湖中生活着很多水獭。

呼伦湖的地貌与气候

呼伦湖是由地壳运动形成的构造湖，湖区在海拉尔盆地的最低部位，地层多覆盖着第四纪沉积物。这里的地貌可划分为湖盆、低山丘陵、湖滨平原和冲积平原、河谷漫滩及高平原几种类型。呼伦湖区属于中温带大陆性草原气候，位于中高纬度温带半干旱区。这里的冬季严寒漫长，春季干旱多大风，夏季温凉短促，秋季降温急剧、霜冻早。

大草原上的明珠

呼伦湖地处呼伦贝尔大草原腹地，素有"草原明珠""草原之肾"之称，在区域生态环境保护中具有特殊地位，对维系呼伦贝尔大草原的生物多样性和丰富动植物资源具有十分重要的作用。呼伦湖及其周边水系于2002年1月被列入拉姆萨尔公约保护区，2002年11月被批准加入联合国教科文组织世界生物圈保护区网络。

内蒙古自治区的大型渔场

呼伦湖的水生动植物资源丰富，有多种藻类、芦苇和浮萍。底栖动物有杜氏蚌和海螺等，水栖动物有鱼鹰、水鸭、大雁、天鹅等。湖中盛产鲤、鲫、白、鲶等30多种鱼类和白虾，是内蒙古自治区的大型渔场。

水獭
是一类水栖、肉食性哺乳动物。

纳木错的周围围绕着广阔无垠的湖滨平原,生长着蒿草、苔藓、火绒草等草本植物,堪称天然的牧场。

纳木错周围常有狗熊、野牦牛、野驴、岩羊、狐狸、獐子、旱獭等野生动物栖居。

这里全年均可放牧。藏北的牧民每年在冬季到来之前，就把牛羊赶到这里，度过风雪严寒的季节。

纳木错

纳木错，位于中国西藏中部，地处"世界屋脊"青藏高原。纳木错是西藏第二大湖泊，也是中国第三大咸水湖，东西长70多千米，南北宽30多千米，面积1920多平方千米。湖面海拔4718米，为世界上海拔最高的大型湖泊。湖水平均深度33米，蓄水量768亿立方米。"纳木错"为藏语，蒙古语名称为"腾格里海"，两个名称都是"天湖"之意。

佛教圣地

纳木错是著名的佛教圣地。伸入湖心的扎西多半岛上的扎西寺香火旺盛。每当藏历羊年，就有成百上千的信徒前来朝圣。

纳木错中的最大岛屿

湖中的最大岛屿叫"良多岛"，面积1.2平方千米，位于纳木错相对凸入陆地的西北角湖面的中央。

著名的内流湖

纳木错是念青唐古拉山西北侧大型断陷洼地中发育的构造湖泊，属内流湖。其湖盆呈西南—东北走向，西侧宽、东侧窄。纳木错的北面是高原丘陵，海拔约5000～5500米，地势较平缓，其南面和东面是冈底斯山和念青唐古拉山的谷地，海拔高度约4000米～4300米，自南向北逐渐增长，念青唐古拉山高5500米～6000米以上，其主峰高达7000多米，形成了一道天然屏障，所以尽管纳木错的湖面海拔高，还是由于念青唐古拉山以东的阻隔而成为内流湖。

冰雪与绿茵

纳木错含盐量高，湖水清澈，雪山环绕，湖泊的主要水量来源是冰雪融水和降水。每年进入冬季，湖内会结冰，至第二年6月中旬，冰才完全消融，故有大半年的冰期。6月初山顶大雪才解封，车方可通行，7、8月份是赏湖的最佳时间，此时，湖畔绿草如茵，牛羊成群。

丰富的自然资源

纳木错有丰富的鱼类资源，因为藏族全民信佛，拥有不吃鱼的传统，故无渔业生产。夏季时，候鸟在湖中的岩岛及湖滨的滩上栖息、繁衍，其中包括鸬鹚、赤麻鸭、鱼鸥等。纳木错广阔的水体，显著地调节着湖区的气候，故滨湖地带水草丰美，为良好的天然牧场。生长的草本植物包括紫云英、鹅冠草、滨草等。在广袤的草滩上，野牦牛、黄羊、野兔、狐狸以及狼等动物均时常出没，适宜狩猎。冬季到来之前，当地的牧民会赶着畜牲迁移到湖边，以越冬御寒。

湿地动物乐园

作为世界上海拔最高的大型湖泊，纳木错拥有依存于高原湖泊的多种典型湿地生态类型，包括湖边沼泽、河口、湖岸浅水区、湖岸湿草甸、岩石湖岸、沙质湖岸等，发育了完整的高原湿地群落。独特的自然条件还养育了一大批依赖于湿地生存的野生动物，虽然种类不多，但是部分物种的数量相当大，如棕头鸥、斑头雁、赤麻鸭、燕鸥等。

斑头雁

燕鸥

中国荷都——微山湖，就像一条狭长的玉带，镶嵌在中国山东省南部，美哉！

《微山湖舟中作》

（清）赵执信

舟前湖泱漭，湖上山横斜。

湖中何所有？千顷秋荷花。

山雨飒然来，风香浩无涯。

移舟青红端，飘若凌绮霞。

林光村远近，楼影帆交加。

疑是桃花源，参差出人家。

流览情所喜，避地想更佳。

何心博望侯，虚无乘海槎。

南四湖

南四湖，位于山东、江苏交界处，由微山湖、昭阳湖、独山湖、南阳湖4个彼此相连的湖泊组成，归山东省微山县管辖。南四湖南北长125千米，东西最宽处达25千米，水域面积达1266平方千米，总库容47亿立方米，是中国北方最大的淡水湖泊，也是中国著名的六大淡水湖泊之一。

中国荷都

南四湖风光秀丽，山、岛、森林、湖面、渔船、芦苇荡、荷花池，构成了特有的画面，是个天然的大公园。其中尤以有"花中仙子"之称的荷花最为耀眼，有的多达几十万亩，所以有人把这里誉为中国荷都。

南四湖的地貌

南四湖处于以郑州桃花峪为顶点的黄河扇形平原，与鲁中南山丘区西侧的山前冲积洪积平原的接合地带，这一地带地势相对低洼，为湖泊、沼泽的形成提供了基础。

南四湖的形成

南四湖属于淮河流域泗河水系。4亿年前，华北地区整体下降为浅海和湖沼。700万年以来，由于地壳的强烈运动，大面积形成凹陷，鲁中、山西诸水潴积于此，形成涝洼区，为南四湖的诞生创造了条件。另一个成因是黄河不断决溢淤积，抬高了泗水西岸的高地，黄河水长期占据此地形成了湿地，现在的南四湖就形成于明代万历年间的黄河决口。

微山麻鸭

是微山湖区长期培育的优质畜禽，年产量达千万只，为全国四大名鸭之一。

珍稀禽类的栖息地

南四湖是南水北调东线工程的主要调蓄枢纽之一，在维护经济发展和区域生态平衡方面，具有重要的战略意义。此外，南四湖还是我国淮河以北地区面积最大、结构完整、保存较好的内陆大型淡水、草型湖泊湿地，这里生态环境较好，水生动植物丰富，是众多珍稀濒危鸟类及雁鸭类的重要栖息繁殖地，是春秋季节候鸟重要的迁徙必经地和停歇地。

"日出斗金"的南四湖

南四湖物产丰富，有"日出斗金"的说法。湖内有各种鱼、虾七八十种，水生植物四十余种，水禽、鸟类达八十余种，被命名为中国"麻鸭之乡"和"乌鳢（lǐ）之乡"。

地表水亦称陆地水，包括河流、冰川、湖泊和沼泽 4 种水体。中国幅员辽阔，河流众多，大小河流总长度约 42 万千米，流域面积在 100 平方千米以上的河流约 5 万多条，河川径流总量 27115 亿立方米，拥有长江、黄河等世界著名大河。

　　中国湖泊面积在1平方千米以上的有2800余个（不包括时令湖），总面积约8万平方千米。其中面积在1000平方千米以上的有11个。中国湖泊分布很不均匀，以青藏高原和长江中下游平原最为集中，形成中国两大稠密湖区。此外，近50年来，兴建了许多人工湖泊，各种类型的水库达8.6万余座。

　　中国沼泽分布很广，仅泥炭沼泽和潜育沼泽两类面积即达11万余平方千米。三江平原和若尔盖高原是中国沼泽最集中的两个区域。